AF403684

SUR

L'ÉVOLUTION DES MONDES

PAR

M. Ch. ANDRÉ

Directeur de l'Observatoire de Lyon.

En 1755, à Kœnisberg, parut, sans nom d'auteur, un livre intitulé : *Histoire Naturelle générale et Théorie du ciel*, ou *Essai sur la constitution et l'origine mécanique de l'univers suivant les lois de Newton*, que l'on sut plus tard être dû à Kant, le célèbre auteur de la *Critique de la raison pure*.

On y trouve les lignes suivantes :

« L'univers, par son incommensurable grandeur et par
« la variété et la beauté infinies qui éclatent en lui de
« toutes parts, jette l'esprit dans un muet étonnement. Si
« l'aspect d'un ensemble si parfait émeut l'imagination, un
« ravissement d'une autre nature saisit d'autre part
« l'intelligence, lorsqu'elle considère comment tant de
« magnificence, tant de grandeur, découlent d'une seule
« loi générale, dans un ordre éternel et parfait. Le monde
« planétaire, où le soleil, placé au centre de toutes les
« orbites, force par ses puissantes attractions les *sphères*

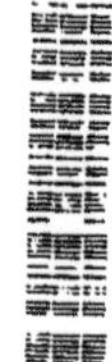

« *habitées* de son système à se mouvoir sur des cercles
« éternels, a été tout entier formé, comme nous l'avons vu,
« aux dépens de la *matière universelle* primitivement
« dispersée dans le chaos. Toutes les étoiles fixes que l'œil
« découvre dans les profondeurs du ciel, où elles sont
« semées avec une magnifique prodigalité, sont autant de
« soleils, centres de systèmes semblables ; l'analogie ne
« permet pas de douter que ceux-ci ont été formés et
« produits, comme celui dont nous faisons partie, des
« particules les plus petites de la *matière élémentaire* qui
« remplissait l'espace vide, ce contenant infini de la *pré-*
« *sence divine.* »

Voici donc bien posée l'identité d'origine et de nature
de tous les astres dont l'ensemble, dessiné par la voie
lactée, forme ce qu'une conception beaucoup trop étroite
a fait appeler l'Univers.

Mais, qu'était cette matière universelle, et, comment
d'elle ont pu se former tous ces soleils et les sphères
habitées qui les accompagnent très probablement. Telle
est la question que je me propose d'étudier.

I

Dans cette conception la masse entière des étoiles qui
forment aujourd'hui cet immense amas était disséminée
dans l'espace qu'il occupe actuellement. Or cette masse,
que nous pouvons calculer avec une approximation bien
suffisante ici, serait exprimée par le nombre absolument
fantastique de

$$7 \times 10^{40} \text{ kilogrammes.}$$

c'est-à-dire par un nombre de quarante chiffres.

Répandue uniformément dans l'espace en question, elle y aurait une densité inférieure à la fraction

$$\frac{1}{2} \quad \frac{1}{10^{10}}$$

de celle de l'hydrogène dans les conditions dites normales (o°790 mm.).

En d'autres termes, 1 litre de cet hydrogène, qui pèse o gr. 9, répandu dans un volume de 10.000.000.000 de litres, formera un milieu dont la densité sera certainement de beaucoup supérieure à la densité originelle de ce dont est issu tout le système de la voie lactée.

A cet état, extrême degré de ténuité, en face duquel les vides les plus parfaits (suivant le langage ordinaire) que nous puissions obtenir représentent des pressions dont l'énormité relative échappe à nos appréciations courantes, ce milieu peut-il être encore considéré comme ce que nous appelons matière? et jouit-il des propriétés que nous attachons à ce mot? Cela n'est pas probable. Ne serait-il pas formé de ces éléments insécables, dont Planck et Star ont démontré la nécessité pour la propagation de la lumière, et qui, au lieu d'être formés de matière sont formés d'énergie? Les derniers résultats acquis par la science sur la nature électro-magnétique de l'inertie donnent à cette suggestion un haut degré de probabilité.

Quoi qu'il en soit, il est bien certain que, dans ce milieu éthéré primitif, dont la matière elle-même est issue, s'est emmagasinée une provision presque indéfinie d'énergie dont la consommation consiste dans sa transformation en matière. Quel est le mécanisme de cette transformation? Nous l'ignorons, et toute cette période de l'existence de la voie lactée nous échappe absolument. Son évolution ne nous est compréhensible qu'à partir du moment où, après une condensation déjà considérable, nous avons un milieu dont les particules obéissent aux lois physiques que nous connaissons et en particulier à la gravitation universelle.

Imaginons alors qu'en un point quelconque de cet immense océan, et par suite de son hétérogénéité alors acquise, se forme un ensemble où l'attraction agisse plus énergiquement que partout ailleurs, c'est vers ce point que se dirigeront toutes les particules élémentaires qui sont disséminées à ses environs. Il y aura là un centre d'attraction pour tout ce qui l'entoure, et peu à peu, il se rassemblera autour de lui, en s'isolant du reste de la nébulosité, une masse, d'ailleurs de dimensions énormes, de matière stellaire. Telle est, d'après nous, l'origine de toutes les étoiles.

II

A ce stage de l'évolution, cet ensemble relativement froid nage dans un espace beaucoup plus froid encore ; par sa surface il rayonnera de la chaleur, et il semble devoir se refroidir progressivement ; mais, en même temps, par suite de l'attraction de tout l'intérieur, les parties superficielles se rapprochent progressivement du centre, la masse se contracte, la densité de la matière augmente peu à peu proportionnellement ; mais à ce travail mécanique correspond une certaine quantité de chaleur qui se répand dans la masse et en élève progressivement la température. Or, et c'est là l'une des lois tout en même temps les plus récentes et les mieux démontrées de la physique céleste, aussi longtemps que, dans son évolution, l'ensemble que nous considérons conserve les propriétés *d'un gaz parfait,* c'est-à-dire obéit aux lois de Mariotte et de Gay-Lussac, la quantité de chaleur provenant du travail de la contraction est bien supérieure à celle qui se perd par le rayonnement superficiel ; de sorte que, tout compte fait, la température de cette masse gazeuse, quoiqu'elle soit soumise à une action réfrigérante continue, s'élève d'une façon progressive et s'élèvera de plus en plus tant que la condition précédente sera remplie.

Cette loi remarquable s'appelle *loi de Lane*, du nom de l'astronome américain à qui on doit son énoncé et sa démonstration ; elle régit toute une période de l'histoire de la formation de l'univers stellaire, celle pendant laquelle la masse, qui plus tard sera une étoile, reste complètement gazeuze et n'est encore que ce que nous appelons une nébuleuse ; pendant toute sa durée, la température de la masse gazeuse s'élève d'une façon continue.

III

D'après les belles recherches de Perry, dans un pareil système, la loi de Lane cesse d'être applicable lorsque la densité du gaz au centre de la masse est devenue égale au dixième de celle de l'eau prise dans les conditions ordinaires de nos laboratoires ; ou, en d'autres termes, lorsqu'elle est devenue quinze cents fois celle de l'hydrogène à $0°$ et 0 m. 760. Or, cet hydrogène est certainement au moins dix milliards de fois plus dense que la matière originelle dont est issu le système de la voie lactée. La loi de Lane cessera donc d'être applicable lorsque la contraction et l'attraction gravitationnelle aura amené cette matière à avoir au centre de la future étoile une densité environ *dix millions de fois* plus forte qu'à l'origine.

On voit, par ces chiffres énormes, le travail qu'exige cette condensation et l'immensité de la durée à laquelle il correspond.

A ce moment, la chaleur perdue par rayonnement égale le gain dû au travail de contraction ; mais bientôt après elle le surpassera et ceci de plus en plus : à ce moment, évidemment 'des plus importants dans l'histoire de sa vie évolutive, l'étoile a donc atteint son maximum de température. A partir de là, la masse se refroidira peu à peu, en même temps que sa densité augmentera progressivement, son volume allant en diminuant d'une façon continue ; ce refroidissement et cette contraction se poursuivront jusqu'à ce que, et c'est là la généralité des cas, la masse devienne solide et plus tard aussi froide qu'elle était au commencement de son évolution.

Au point de vue température, la vie d'une étoile comprend donc deux périodes non symétriques : l'une à température ascendante, l'autre à température descendante, séparées par un intervalle où celle-ci, atteignant sa plus grande valeur, reste à peu près stationnaire. Cet intervalle est pour l'étoile ce qu'est en général pour l'homme la période de trente à quarante ans, le moment de sa plus grande puissance de rayonnement.

De chaque côté de ce maximum on rencontre, sur les branches de la courbe des températures deux points où la température est la même ; l'étoile repasse donc, alors qu'elle vieillit, par les mêmes températures qu'elle avait dans sa jeunesse. Mais, et contrairement à ce qu'en a dit sir Norman Lockyer, en ces moments d'égale température, elle est bien dissemblable à elle-même : s'élançant d'abord légère et pleine d'ardeur à l'assaut de la montagne de la vie, elle s'alourdit après en avoir gravi le sommet et descend péniblement et lentement le versant opposé.

IV

S'il en est ainsi, toutes les étoiles doivent passer par les mêmes phases avec la même intensité, et la diversité de leurs aspects actuels ne proviendrait que de la différence des époques de leur naissance, ou mieux de la génération à laquelle chacune appartient. Mais telle n'est point la réalité : l'univers stellaire est beaucoup plus compliqué et le spectacle qu'il nous offre est infiniment plus varié. C'est qu'en effet les centres d'attraction, qui se forment successivement dans ce chaos primitif, sont loin d'avoir la même puissance, et, par suite, les noyaux stellaires dont ils déterminent la production ont des densités différentes ; en un mot, leurs masses sont inégales ; plus la masse est grande, plus les phénomènes d'échauffement et de condensation seront intenses, mais aussi plus ils se produiront lentement ; de telle sorte qu'une grosse étoile aura la vie beaucoup plus longue et deviendra finalement beaucoup plus dense ; sa température s'élèvera plus lentement, mais aussi atteindra un maximum beaucoup plus élevé.

La multitude des étoiles du ciel a donc, à un moment donné, les températures les plus diverses : leur simple aspect d'ailleurs le montre.

On sait, en effet, que tous les corps opaques, quelle que soit leur nature, portés à l'incandescence ont, à une même température, sensiblement la même couleur, c'est-à-dire que la proportion des divers rayons du spectre y est identique ; pour ces corps incandescents, l'échelle des températures est donc sensiblement parallèle à celle de leurs colorations. Les étoiles rouges sont relativement les plus froides, puis viennent les jaunes, les blanches et enfin les bleues, qui sont les plus chaudes de toutes.

Depuis quelques années d'ailleurs les astronomes ont pu, en s'aidant des beaux travaux de Planck, préciser ces notions un peu vagues.

En effet, la température d'un corps rayonnant est intimement liée à la longueur d'ondulation de ce rayonnement, et, d'autre part, Planck nous a appris à déterminer l'énergie d'un rayonnement en fonction de la longueur d'ondulation et de la température, de sorte que la comparaison de cette énergie, faite pour deux longueurs d'ondulation connues, nous permet d'obtenir le rapport de ces températures. Cette comparaison des énergies lumineuses se fait aisément au moyen d'un photomètre convenable.

En résumé, étant connue la température d'une étoile, du soleil, par exemple, on peut aisément avoir celles de toutes les autres supposées assez brillantes.

C'est ainsi que M. Nordmann a obtenu les valeurs suivantes :

ÉTOILE	COULEUR	TEMPÉRATURE
ρ Persée	rouge	2.600 degrés
Soleil	jaune	5.300 —
Polaire.	—	8.200 —
Véga	—	12.200 —
β Persée	bleue	13.300 —
ε Persée	—	15.200 —
δ Persée	—	18.000 —
λ Taureau. . . .	—	40.000 —

L'étoile ρ Persée est beaucoup plus froide que le cratère positif de l'arc électrique, et à peine plus chaude que le bec

Auer, tandis que nous ne pouvons nous faire une idée même lointaine de la fournaise qu'est l'étoile λ Taureau.

Les températures que nous mesurons ici appartiennent à des couches relativement peu distantes de la surface ; et, au fur et à mesure que l'on pénètre dans l'intérieur de l'astre, la température augmente et même augmente très rapidement jusqu'à atteindre, ainsi que nous le verrons plus loin, des valeurs énormes.

En résumé, par le seul fait de l'attraction gravitationnelle, la matière primitive, d'abord froide et peut-être voisine du zéro absolu, a été amenée à une température qui, en général, dépasse notre imagination ; et, en même temps, dès que l'on pénètre à son intérieur, à des pressions énormes et graduellement croissantes. Il est certain que dans cette évolution, dont la durée comporte des centaines de millions et peut-être de milliards d'années, elle a subi des modifications aussi étonnantes que ces températures et ces pressions elles-mêmes.

V

Le processus de cette évolution ne nous est d'ailleurs pas totalement inconnu, le spectroscope nous fournissant, à cet égard, des renseignements importants.

Les objets dont l'état est le moins éloigné de celui de la matière primitive sont les masses gazeuses de faible luminosité que nous appelons *nébuleuses non résolubles ;* dans toutes on constate la présence de l'hydrogène et de l'hélium, mais à un état différent de celui que nous leur connaissons et, fait qui les caractérise, celle aussi d'un gaz inconnu, que l'on a appelé le nébulium, pour bien indiquer les astres où on le rencontre et qui est très probablement plus léger que l'hydrogène et l'hélium (densité double de l'hydrogène).

L'étude attentive du ciel nous fait assister à la transformation progressive de cette matière informe en un objet d'apparence stellaire. Le premier stage est magnifiquement représenté par la belle nébuleuse d'Orion, qui s'étend au moins sur quatre degrés de la sphère céleste.

Les nébuleuses, semblables à la grande nébuleuse d'Andromède, où la masse centrale est fortement condensée, sont au contraire déjà arrivées à un stage d'évolution plus avancé; d'autres nébuleuses non résolubles, parmi celles que l'on appelle *nébuleuses planétaires*, semblent offrir des points lumineux : telles sont celle de l'Hydre et celle du Sagittaire. Puis, la condensation continuant, le noyau central devient de plus en plus prépondérant, l'atmosphère extérieure se réduit et nous arrivons à l'apparence stellaire proprement dite.

Mais le passage des nébuleuses planétaires aux étoiles est pour ainsi dire continu. Le ciel nous montre des nébuleuses sans condensation centrale apparente; d'autres où celle-ci apparaît nette, quoique encore peu marquée ; d'autres où elle attire manifestement les yeux, commence à devenir prépondérante, astres que l'on appelle *étoiles nébuleuses*, et une série d'autres enfin, dans lesquelles, l'atmosphère étant tombée progressivement pour rejoindre la condensation centrale, l'apparence stellaire s'affirme de plus en plus.

Examinées au spectroscope, toutes les étoiles nébuleuses, au nombre d'environ soixante, et en général faibles (7ᵉ grandeur et au-dessous), donnent un spectre pour ainsi dire double : aux lignes noires d'absorption, qui découpent le spectre continu, viennent s'ajouter des lignes brillantes, parfois très nettes et très intenses ; les premières sont dues au noyau central, les secondes se rapportent à cette atmosphère extérieure incandescente et montrent qu'elle est surtout formée d'hydrogène, d'hélium et aussi de nébulium. Dans un certain nombre de cas, cette atmosphère persiste longtemps après que l'astre a pris l'apparence stellaire à notre vue dans les instruments ordinaires. A partir de ce moment, la portion, que nous avons considérée dans la masse primitive, est devenue pour nous une étoile, et la suite de ses transformations ultérieures est pour nous l'histoire de ce qu'est la vie d'une étoile.

VI

La vie d'une étoile est d'ailleurs infiniment trop longue pour que l'on ait pu suivre les transformations successives d'un même astre. Mais les millions d'étoiles qui nous entourent et qui composent la voie lactée n'ont pas pris naissance en même temps ; et, d'autre part, la durée d'existence change avec chacune d'elle, de telle sorte qu'à un moment donné, l'astronome peut, en étudiant attentivement le ciel, y trouver des étoiles à tous les stades d'évolution que présentera successivement l'étoile type à laquelle nous nous attachions.

Le fait caractéristique de cette évolution est que la composition de l'astre va en se compliquant de plus en plus : aux gaz inconnus plus légers que l'hydrogène, mais ayant avec lui un certain degré de parenté, à l'hydrogène dans un état particulier, vont succéder bientôt l'hydrogène, l'hélium, le calcium, le sodium et le magnésium. Ce stade est représenté par les étoiles bleues et blanchâtres, telles que Sirius et Véga, et les étoiles blanches de la constellation d'Orion, telles que β Orion ou Rigel, ε Orion et encore α Cygne ou Deneb et γ Andromède.

Après ce stade, toute raie brillante a disparu dans le spectre, l'atmosphère extérieure s'est presque totalement réunie à la masse centrale. En même temps, le nombre des raies fines du spectre, qu'on appelle raies métalliques, et dont une grande partie est due au fer, s'est considérablement accru ; ce spectre est alors devenu presque identique à celui de notre soleil. Cette composition est caractérisée à la vue par une couleur jaunâtre ; elle est d'ailleurs très analogue, si ce n'est identique, à celle de notre soleil, et indique que ces étoiles sont arrivées sensiblement au même stade de leur évolution que l'astre central de notre système. Parmi les étoiles de ce type nous citerons : le Soleil, α Cocher ou la Chèvre, α Bouvier ou Arcturus, α Taureau ou Aldébaran, α Grande Ourse, la Polaire. C'est la période de formation du fer.

La complication allant en augmentant progressivement, les raies du spectre, que l'astre va fournir, deviennent plus fortes et plus larges que dans la majeure partie des étoiles solaires et même que dans α Grande Ourse ; elles forment alors de véritables bandes d'absorption très noires, qui se superposent au spectre à raies fines et font par endroits disparaître complètement le spectre continu. La présence de ces bandes d'absorption, qui sont terminées nettement du côté du violet et dégradées du côté du rouge, est caractéristique des combinaisons chimiques : dans ce cas, elles sont identiques à celles que nous donne dans l'arc voltaïque le Titane, son oxyde ou son chlorure : cette période stellaire correspond à la période de formation du Titane. Un tel état se trouve réalisé, par exemple, dans α Orion ou Bételgeuse, α Hercule, β Persée ou Algol, R. Lion, α Scorpion ou Antarès.

Laissons se continuer le travail de condensation stellaire. Le spectre ne contiendra plus que très peu de lignes fines de vapeurs métalliques, alors d'une faiblesse d'éclat qui permet à peine de les distinguer. Mais il renfermera de nombreuses bandes d'absorption, différentes d'ailleurs des précédentes et qu'on identifie facilement, soit avec celles des composés hydrogénés du carbone, soit avec celles du cyanogène. C'est la période de formation du carbone et de ses composés.

La couleur de ces étoiles est rouge jaunâtre et même rouge rubis ; l'hydrogène, l'hélium et le calcium y sont douteux ou absents. Sur deux cent cinquante étoiles de cette classe, sept seulement dépassent la sixième grandeur ; parmi ces dernières, je citerai 19 Poissons, U de l'Hydre, 252 et 289 de Schjellerup.

VII

Après cette période, l'étoile s'avance lentement et progressivement vers l'extinction finale, qui est la mort.

Cependant, certaines étoiles reviennent à une nouvelle existence. Dans l'immensité des cieux circulent, en effet, une foule de ces astres éteints, se mouvant dans toutes les directions, avec des vitesses considérables, parfois des centaines de kilomètres à la seconde. Or, il arrive que deux de ces astres (ou l'un d'eux avec une étoile) s'approchent assez près l'un de l'autre pour que, par suite de l'attraction gravitationnelle, ils forment maintenant un seul ensemble. L'énorme quantité de chaleur produite par cette rencontre les a complètement transformés; au lieu de deux corps obscurs, on a maintenant deux astres lumineux : l'un,

14

d'apparence stellaire, sans avoir toutefois la constitution d'une étoile, est d'abord très éclatant, mais se refroidit fort rapidement et devient bientôt presque invisible ; l'autre, formant une nébulosité toute semblable à une nébuleuse planétaire, est une nébuleuse gazeuse avec la raie verte caractéristique du nébulium, devant, dans la suite des temps, redevenir une étoile plus ou moins brillante.

Une portion seule de la matière des deux astres en question reprendra donc la forme stellaire ; aussi, malgré cette cause de résurrection, toute étoile qui naît est appelée à mourir.

Quel est le mécanisme de cette transformation progressive du nébulium, en gaz d'abord, puis en vapeurs métalliques et enfin en hydrocarbures et cyanogène ?

Nous l'ignorons. Cependant les travaux théoriques de Homer Lane, W. Thomson et See qui se rapportent au soleil, mais pourraient tout aussi bien s'adresser à une étoile quelconque, conduisent à certains résultats intéressants ; en particulier sur la variation de la pression et de la température lorsque la couche que l'on y considère devient de plus en plus voisine de son centre. En admettant que la température superficielle soit de six mille degrés et la densité superficielle le dixième de celle de notre atmosphère, See trouve qu'en s'enfonçant seulement à 0,05 du rayon on atteint déjà une pression de trois millions trois cent soixante-seize mille atmosphères et une température de trois cent soixante-dix-neuf mille degrés ; à une profondeur de 0,10, la pression serait de vingt et un millions six cent trente-six mille atmosphères et la température de sept cent quatre-vingt-dix-neuf mille degrés. A une distance du centre égale à un dixième du rayon on aurait une pression de dix milliards six cent sept millions huit cent mille atmosphères et une température de neuf millions cinq cent mille degrés.

Dans quel état se trouve la masse intérieure de ce soleil ?

D'après M. See, si l'on tient compte de toutes les couches
qui le composent, le globe solaire résisterait aux déforma-
tions extérieures deux mille fois mieux que s'il était en
acier au nickel ; de même la ténacité moyenne du soleil
serait un milliard neuf cent dix millions atmosphères c'est-
à-dire soixante-quatre mille fois supérieure à celle de l'acier-
nickel pour le fil dit « corde à piano » ; enfin la densité centrale de l'astre serait d'environ 8,5.

Dans ces conditions, l'intérieur du soleil ne peut être ni
gazeux, ni solide, ni liquide ; son état physique nous est absolument inconnu, mais il est bien certain que dans une
pareille enceinte les transformations possibles de la matière
surpassent notre imagination ; les atomes simples peuvent
être obligés de se condenser en un système moléculaire
beaucoup plus compliqué et en particulier de former ainsi
les métaux de plus en plus denses dont nous avons constaté
l'existence, ainsi que les combinaisons plus compliquées
encore que nous y avons rencontrées. Et, si l'on pense aux
phénomènes internes de dissociation que Sir Norman
Lockyer a obtenus rien qu'avec l'aide de l'étincelle et de
l'arc électrique, si l'on se rappelle que le radium se change
spontanément en hélium et que l'émanation du radium
transforme le zirconium et le thorium, métaux de poids
atomiques considérables, en carbone dont le poids atomique
est faible, on concevra sans peine la grande probabilité, si
ce n'est la certitude, des transformations dont la nébuleuse
originelle est d'après nous successivement le siège.

Mais la vie d'une étoile ne se borne pas à cette production
continue de substances qui nous paraissent si différentes les
unes des autres ; elle comporte, en effet, comme nous l'allons
voir, une série de phénomènes bien autrement importants
pour nous et tout aussi intéressants.

VIII

D'après Laplace et Poincarré lorsque, par suite de la contraction continue de la nébuleuse primitive, ses parties équatoriales superficielles ont acquis une vitesse de rotation telle que la force centrifuge y contrebalance l'action de la pesanteur, ces zones superficielles se séparent de l'ensemble en une série d'anneaux dont la stabilité diminue au fur et à mesure que par leur contraction leur densité augmente, et dont chacun ne tardera pas à se subdiviser en parties indépendantes qui circuleront chacune de leur côté conformément aux lois de Képler. Ces parties, décrivant des orbites peu différentes, finiront par se choquer et se réunir en une seule constituant une masse de vapeurs de forme sphéroïdique circulant autour du corps central dans le sens de sa révolution.

Pendant ce temps-là la nébuleuse primitive continue à se contracter, sa vitesse de rotation à augmenter et le même phénomène de séparation de la zone équatoriale superficielle se reproduit, et ainsi de suite jusqu'à ce que la nébuleuse centrale soit suffisamment réduite.

Ces nébuleuses secondaires, d'abord de même constitution que les zones superficielles dont elles sont issues, ont toujours une masse relativement petite par rapport à la nébuleuse originelle : leur évolution se fera donc beaucoup plus rapidement que celle de cette dernière ; et elles pourront arriver à une solidification superficielle alors que l'astre central sera encore une étoile brillante. C'est ainsi que se sont formées les planètes qui constituent le cortège de notre soleil ; et c'est ainsi qu'ont pris naissance toutes celles qui se détachent successivement de chacune des étoiles du ciel.

IX

Mais l'évolution de l'une quelconque de ces nébuleuses secondaires ne se fait pas, toutes choses égales d'ailleurs, dans les mêmes conditions que pour la nébuleuse originelle.

Celle-ci sera toujours exposée, sans compensation, au rayonnement intense dû au froid des espaces stellaires ; par sa surface s'écoulera, d'une façon continue, la chaleur des couches internes et très chaudes, de sorte que sa température superficielle diminuera progressivement et continûment.

La future planète, au contraire, et dès sa séparation, reçoit de son soleil, sous des formes diverses (chaleur, lumière, électricité), une quantité d'énergie pendant longtemps considérable[1], mais qui varie avec l'âge de celui-ci et la distance qui les sépare. Cet afflux d'énergie extérieure change considérablement les conditions de son évolution, le mode de transformation des substances élémentaires qu'elle a emportées et les résultats finaux de cette transformation.

En particulier et si, ce qui est légitime, on généralise ce que l'on observe sur notre globe, cette chaleur d'origine externe pourra pendant un long intervalle compenser très sensiblement la perte due au rayonnement et maintenir à

---

[1] Pour la terre, par exemple, la portion de cette énergie qu'elle reçoit actuellement du soleil sous forme calorifique est telle que si, au-dessus de la partie de l'atmosphère tournée vers le soleil, se trouvait une couche d'eau de o m. 20 d'épaisseur, elle serait toute entière portée en une minute de o degré à 100 degrés.

sa surface une température moyenne sensiblement constante pendant toute sa durée. D'autre part, les gaz qui constituent alors l'atmosphère de la planète auront des propriétés bien différentes de ceux qui formaient les zones extérieures du soleil central. Et par suite de ce phénomène de compensation, il y règnera une stabilité moyenne de long avenir permettant à la vie végétale et animale de s'établir et de progresser.

C'est là le rôle essentiel et merveilleux que jouent les planètes dans l'ensemble déjà si admirable que l'univers étale devant nos yeux.

Lyon. — Imprimerie A. Rey et Cⁱᵉ, 4, rue Gentil. — 59205

9 782013 632904